Hanuman Singh
Umesh Kumar Dhakad
Irfan Khan

# Introdução a Ascomycotina

Hanuman Singh
Umesh Kumar Dhakad
Irfan Khan

# Introdução a Ascomycotina

ScienciaScripts

**Imprint**



Cover image: www.ingimage.com

This book is a translation from the original published under ISBN 978-3-659-69812-5.

Publisher:
Sciencia Scripts
is a trademark of
Dodo Books Indian Ocean Ltd. and OmniScriptum S.R.L publishing group

120 High Road, East Finchley, London, N2 9ED, United Kingdom
Str. Armeneasca 28/1, office 1, Chisinau MD-2012, Republic of Moldova, Europe
Managing Directors: Ieva Konstantinova, Victoria Ursu
info@omniscriptum.com

Printed at: see last page
**ISBN: 978-620-8-51985-8**

# Conteúdo

# Prefácio

Este livro ajuda os estudantes graduados e pós-graduados de patologia vegetal a compreender rapidamente os factos de forma abrangente. É um trabalho de recolha e compilação de várias fontes. Neste livro seguimos a classificação de fungos proposta por Ainsworth G. C. (1973). Alguns dos ascomicetes mais conhecidos são as leveduras, bolores negros, bolores azuis, anelídeos, oídio (PM), míldio negro, fungos da copa, morcelas e trufas.

As sugestões de professores e alunos para melhorar o presente livro podem ser enviadas para hanumanrathore99@pau.edu ou rathore.hanuman99@gmail.com ou ukdhakad@gmail.com

Udaipur, Rajastão, Índia

abril, 2016

Hanuman Singh
Umesh Kumar Dhakad
Irfan Khan

# Capítulo 1

## Subdivisão Ascomycotina

(Sac fungi, fungos superiores mais avançados, maior subdivisão dos fungos)

### 1. Importância económica

Ascomycotina, com aproximadamente 64.000 espécies conhecidas (Kirk *et al.* 2008). 46% das espécies de Ascomycotina são liquenizadas e 96% de todos os fungos formadores de líquen são ascomicetes (Honegger, 1991), cobrindo aproximadamente 8% das massas de terra da Terra (Brodo *et al.* 2001).

Os fungos pertencentes a esta subdivisão são de grande importância para os assuntos humanos. Os membros desta subdivisão (filo) são vulgarmente designados por fungos de saco ou fungos ascomicetes. Alguns dos ascomicetes mais conhecidos são as **leveduras, os bolores negros, os bolores azuis, os anelídeos, o oídio (PM), o míldio negro, os fungos do copo, as morcelas e as trufas.** Um organismo como o *Chaetonium sp.* é responsável pela destruição de tecidos que contêm celulose. Muitos fungos são os piores inimigos das plantas cultivadas, das plantas ornamentais e das madeiras. As espécies do género *Claviceps* estão associadas a doenças bem conhecidas como o Ergot do centeio *(Claviceps purpurea),* o Ergot da Bajara (*C. fusiformis)*, etc. Os agentes patogénicos produzem esclerócios duros que contêm um alcaloide Ergotina, LSD (dietilamida do ácido lisérgico). Este alcaloide, se inalado, causa a doença do ergotismo. Esta doença, no homem e nos animais, provoca convulsões ou uma crise nervosa devido ao efeito do alcaloide. Nos animais, desenvolvem-se certas complicações. No entanto, estes alcalóides (se administrados corretamente) podem ser utilizados como medicamentos muito importantes.

Várias leveduras (levedura de Baker e levedura de brotamento - *Saccharomyces cerevisiae)* são utilizadas na fermentação de açúcares e, por conseguinte, são de grande importância nas indústrias de bebidas alcoólicas. As leveduras frescas são uma excelente fonte de vitaminas. Algumas leveduras são utilizadas em medicamentos como fonte de enzimas.

Crestamento do castanheiro causado por *Cryphonectria (Endothia) parasitica,* doença do olmo neerlandês causada por *Ophiostoma (Ceratocystis) ulmi,* doença do enrolamento da folha **do pessegueiro** causada por *Taphrina* ***deformans,*** mancha foliar da curcuma causada por *Taphrina maculans,* ergot do centeio causada por *Claviceps purpurea,* A crosta da macieira causada por *Venturia inaequalis,* o oídio do trigo causado por *Blumeria (Erysiphe') graminis e a* podridão cinzenta dos cereais causada por *Gaumannomyces graminis* causaram prejuízos consideráveis às culturas em causa.

*Eurotium* sp. (*Aspergillus* sp. em fase imperfeita) é um parasita fraco e, por conseguinte, causa doenças nos frutos durante o **armazenamento**. Os grãos armazenados **com um** teor de humidade **inferior a 13%** são deteriorados por *Aspergillus* sp. *As* estirpes de *Aspergillus niger* são utilizadas no fabrico de ácido cítrico, ácido glucónico, ácido itacónico, etc. Algumas espécies de *Aspergillus* infectam os pulmões e produzem sintomas semelhantes aos da tuberculose (apsergilose pulmonar). Atualmente, sabe-se que os Aspergilli produzem várias toxinas mortais que causam micotoxicoses em animais e seres humanos. As espécies de *Aspergillus* são também utilizadas na produção de antibióticos **como a aspergilina, a fumagatina, a flavicina**, etc.

*Talaromyces* sp. (*Penicillium* sp. em fase imperfeita) causam danos consideráveis em artigos de couro, tecidos, etc. Também provocam a deterioração de pão, queijo, manteiga, compotas, etc. Causam também a podridão e a deterioração do limão, da laranja e de outros frutos e legumes em trânsito e armazenamento. **O** *Penicillium natatum* e *o Penicillium chrysogenum* são fontes de antibióticos conhecidos como droga maravilhosa (**penicilina). A griseofulvina** é produzida pelo *P. griseofulvin.*

Vários fungos desta subdivisão estão associados a doenças causadas pelo oídio. Por exemplo, o oídio do trigo *(Erysiphe graminis)*, o oídio da ervilha *(Erysiphepolygon)*, o oídio da uva *(Uncinula necator)*. Estas doenças causam grandes prejuízos às culturas.

# Capítulo 2

## 2. Subdivisão - Ascomycotina

**Estrutura somática, reprodução assexuada, reprodução sexuada, processo de desenvolvimento do ascus e dos ascósporos**

**Estrutura somática** - Exceto no caso de algumas leveduras, estes fungos possuem micélio bem desenvolvido, septado e profusamente ramificado, com um ou vários núcleos. As paredes celulares contêm maioritariamente quitina e a celulose está geralmente ausente, embora tenha sido registada nas paredes hifais de uma ou duas espécies. Os mananos e os $\beta$-1, 3-glucanos são os principais polissacáridos da parede celular das leveduras.

Os septos são produzidos em direção ao centro da hifa a partir da parede e é deixado um poro no centro. O poro permite a continuidade citoplasmática e a ocorrência de migração nuclear e mitocondrial através da hifa.

A agregação de hifas vegetativas modificadas pode levar à produção de estruturas como esclerócios, rizomorfos, etc. Estruturas somáticas conhecidas como **estroma** também são produzidas por alguns membros de Ascomycotina.

**Reprodução assexuada-**

Os meios comuns de reprodução assexuada são a germinação, a fissão, a fragmentação, os clamidósporos e os conídios. Os conídios são os principais órgãos reprodutores da maioria dos organismos e são produzidos a partir de ou dentro de uma célula conidiogénica, que é suportada por uma hifa simples ou ramificada, o conidióforo. Os conídios atingiram o seu apogeu nos *Ascomycotina.* Um conídio é um esporo assexuado, não móvel, formado na ponta ou no lado de uma célula esporogénica. A célula hifal a partir da qual ou na qual um conídio é formado é diretamente denominada célula conidiogénica.

A brotação e a fissão são caraterísticas da levedura. A brotação é **hologénica** nos **ascomicetes** , ou seja, as novas camadas de parede da célula da brotação são contínuas com as da parede da célula-mãe. Nas leveduras basidiomicetas, a parede do botão é sintetizada de novo e é chamada **enterógena**. Os esporos produzidos por brotamento são conhecidos como **blastosporos**, que etimologicamente significa 'esporos em brotamento'. A fissão ocorre apenas no género de leveduras Schizosaccharomyces. A fragmentação das hifas e a formação de clamidósporos são os outros meios de reprodução assexuada neste grupo de organismos. Os líquenes produzem propágulos vegetativos denominados **soredia** (sing. Soredium). Uma estrutura semelhante composta por micobionte e fotobionte, o **isídio** (pl. isidia) pode ser importante na dispersão local ou na regeneração do talo (Jahns, 1988)

Os conídios, que têm formas variadas (esféricas, ovóides, alongadas, cilíndricas, filiformes, curvadas em espiral ou ramificadas) e tamanhos, septados ou não septados e de várias cores, são produzidos isoladamente ou em cadeia. São produzidos **diretamente a** partir de hifas somáticas ou a partir de células conidiogénicas especializadas que podem ser produzidas a partir de hifas vegetativas simples ou formadas em estruturas especiais denominadas **conidioma** (Pl conidiomata, também conhecido como frutos de esporos assexuados). Estas estruturas são de vários tipos, como os **sinnematas, os esporodóquios, os picnídios** e **os acérvulos.** Estas estruturas também são produzidas pela maioria dos fungos deuteromicetos, que são os estados/estágios imperfeitos dos fungos ascomicetos.

**Reprodução sexuada -** A reprodução sexuada em Ascomycotina envolve a união de gâmetas masculinos e femininos ou de dois gâmetas compatíveis através de um dos métodos abaixo indicados.

I. **Cópula** gamatangial **- Consiste** na união de dois gametângios semelhantes.

II. **Espermatização -** Nalgumas espécies os anterídios não se formam. Nestas espécies

A fecundação do ascogónio ou de qualquer célula compatível da hifa é provocada por espermatozóides ou conídios.

III. **Somatogamia** - Neste método ocorre a fusão de hifas vegetativas de sexos opostos.

IV. **Contacto** gametangial - Neste método, ocorre a união de gametângios uni ou multinucleados morfologicamente diferenciados (anterídios e ascogónias, respetivamente). A passagem do núcleo masculino é feita através de um poro, e não através de um tubo de fertilização. Por vezes, o ascogónio tem uma estrutura em forma de bico, o trichogyne, que actua como um órgão recetor do núcleo masculino.

**Desenvolvimento do asco e dos ascósporos**

Nees (1817) introduziu o termo 'ascus' e depois cunhou o termo 'esporo'. Uma das caraterísticas interessantes da reprodução sexual de Ascomycotina de Ascomycotina é a separação da plasmogamia e cariogamia no espaço e no tempo, exceto em *Hemiascomycetes*.

O processo pormenorizado de formação de ascus e ascósporos é explicado a seguir, com especial referência a um exemplo típico - *Pyronema omphalodes.*

Os órgãos sexuais (gametângios), nomeadamente o anterídio (gametângio masculino) e o ascogónio (gametângio feminino), são produzidos pelo micélio em determinados locais. (O ascogónio pode ser uninucleado ou multinucleado, consoante a espécie).

O contacto entre um anterídio e um ascogónio e a passagem dos núcleos anteridiais para o tricófito e, eventualmente, para a base ascogonial. O que acontece exatamente depois de os núcleos terem entrado no ascogónio é uma questão controversa. Em *Pyronema omphalodes,* a espécie em que esta explicação se baseia principalmente, pensou-se que, uma vez na base ascogonial, os núcleos gaméticos anteridiais e ascogoniais se aproximam em pares.

O estímulo do ato sexual faz com que o ascogónio produza um certo número de papilas opostas a grupos de núcleos situados na periferia do ascogónio. As paredes do ascogónio parecem ser mais finas nestes pontos. À medida que estas papilas aumentam de tamanho, os núcleos do ascogónio começam a passar para elas, um a um. Eventualmente, as papilas alongam-se em hifas ascogónicas, nas quais pode ser detectado um par de núcleos principais, seguido frequentemente por um segundo par.

Os núcleos da hifa ascogénica e os que ainda se encontram no ascogónio sofrem rapidamente uma mitose simultânea. Formam-se agora septos primários entre os núcleos filhas, de tal forma que a célula da ponta da hifa ascógena é **uninucleada** e é seguida por uma série de células binucleadas que contêm núcleos não irmãos.

É provável que um núcleo em cada chamada binucleada da hifa ascógena seja de origem ascogonial e o outro anteridial. Esta é a **fase dicariótica** do processo de reprodução sexual. A formação de um **gancho** ou **báculo**, descrita abaixo, é considerada por alguns como tendo também um significado filogenético.

Uma das células binucleadas da hifa ascogénica alonga-se e dobra-se para formar um **gancho ou um báculo**. Os dois núcleos desta célula em gancho dividem-se de tal forma que os seus fusos se orientam mais ou menos **verticalmente** e paralelamente um ao outro, de modo a que os núcleos filhas (um de cada fuso e, por conseguinte, de origem diferente) se encontrem próximos um do outro na extremidade do gancho, enquanto um dos outros dois núcleos se situa na ponta e outro perto do septo basal do gancho. Dois septos estão dispostos, separando o gancho em três células (fig. G). As **células da ponta e da base são uninucleadas,** uma contendo um núcleo anteridial e outra um núcleo ascogonial; a **célula da gola é binucleada**. A célula binucleada do gancho está destinada a tornar-se o **ascus** e é denominada **célula-mãe do ascus** (fig. G).

**A cariogamia** ocorre na célula-mãe do ascus (fig. H) logo após a formação dos septos no gancho, terminando assim a fase dicariótica, e o jovem ascus com seu **núcleo zigoto diploide** começa a se alongar (fig. I-J). O núcleo do zigoto logo sofre **meiose,** que resulta em **quatro núcleos haplóides** (fig. K), cada um se dividindo **mitoticamente**, formando **oito núcleos** no total. Estes serão incorporados nos **ascósporos** que se desenvolvem por formação de células livres. R A Harper (1897) cunhou o termo formação de células livres para descrever o processo de formação de ascósporos dentro de um ascus.

# Capítulo 3

**Subdivisão - Ascomycotina**

**Classificação de Ascomycotina em classes, ordens, famílias e géneros (Resumo)**

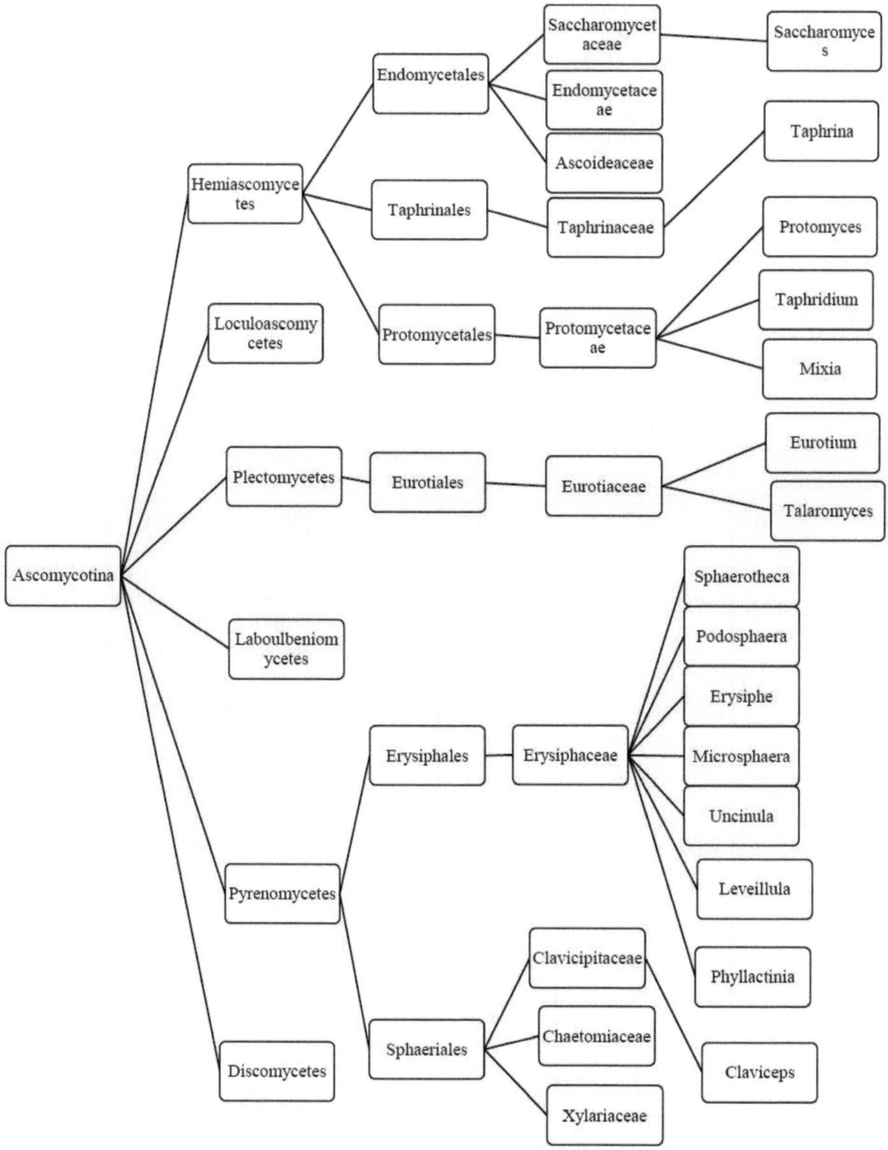

**3. Classificação de Ascomycotina em classes com as suas caraterísticas importantes**

| Classes | 1 | 2 | 3 | 4 | 5 | 6 | 7 |
|---|---|---|---|---|---|---|---|
| Hemiascomicetes | Ausência de hifas ascogénicas | Ascocarpo ausente Asci surgindo nu Net no ascocarpo | - | + | - | - | Talo levedurifor me (unicelular) ou micelial |
| Loculoascomycetes | Hifas ascogénicas presentes | Ascocarpo presente | Ascocarpo Ascostroma | Asci bitunicate | - | - | Talo micelial |
| Plectomicetos | "" | "" | Ascocarpo Cleistothecium | Os ascos são geralmente unitunicados (se forem bitunicados, o ascocarpo é um apotécio) | Ascos evanescentes e dispersos no ascocarpo | - | Talo micelial |
| Laboulbeniomycetes | "" | "" | Ascocarpo Peritécio | "" | Ascos regularmente dispostos como camada basal ou periférica no ascocarpo | Parasita de insectos, exoparasitas de artrópodes | Talo reduzido (micélio verdadeiro ausente, rizomicélio por vezes presente) |
| Pirenomicetos | "" | "" | Ascocarpo Peritécio | "" | "" | Não parasitas de insectos, Não exoparasitas de artrópodes | Talo micelial |
| Discomicetos | "" | "" | Ascocarpo Apotécio | Os Asci são maioritariamente unitários | "" | "" | Talo micelial |

A partir de estudos de microscopia ótica, podem ser definidos três tipos básicos de ascos: prototunicado, unitunicado e bitunicado. O ascus bitunicado tem sido chamado de ascus Jack in box ou fissitunicate ascus.

**Classe- Hemiascomycetes**

**Ordem I Endomycetales**

I. Natureza sapróbia

II. Por vezes falta micélio filamentoso. Por vezes, produz-se pseudomicélio.

III. A célula zigótica (célula única) é transformada diretamente em ascus.

**Família - Saccharomycetaceae**

I. Micélio escasso ou inexistente

II. Célula única que se reproduz por brotamento ou fissão

III. Célula zigótica transformada em ascus

IV. Ascos geralmente com 1-8 esporos (ascósporos), ascus sem célula pétrea.

**Género - Saccharomyces**

Talo **unicelular**, podendo por vezes formar estruturas pseudomiceliais, células elípticas. Nas leveduras, os principais polissacáridos da parede celular são os mananos e os 0 1-3 glucanos, estando a quitina presente em quantidades muito reduzidas, e apenas nas cicatrizes dos gomos. Reprodução assexuada por brotamento ou fissão ou por ambos, reprodução sexual por cópula de células, resultando na formação de ascósporos.

Converter o açúcar em álcool etílico e dióxido de carbono através das suas actividades enzimáticas.

Por exemplo, *Saccharomyces cerevisiae*

$$C_6H_{12}O_6 \longrightarrow CO_2 + C_2H_5{-}OH$$

Fonte de enzima (Invertage, zymase) e vitamina $B_1$ $B_2$

Ciclo de vida - Haplo- diplontico

Presente na sub-divisão Asco/Basidio/Deuteromycotina.

**Ordem II Taphrinales**

I. Parasita de plantas vasculares

II. Micélio presente, pseudomicélio ausente

III. As hifas apresentam clamidósporos terminais ou células ascogénicas que produzem um único ascus.

**Família - Taphrinaceae**

Parasita biotrófico de plantas superiores e fetos

Micélio subcuticular/intercelular

I. Os ascósporos multiplicam-se por brotamento dentro ou fora do ascus e os esporos brotados são chamados conídios/blastosporos

II. Células ascogénicas (binucleadas) transformadas em ascus

III. Ascos geralmente com 8 esporos (ascósporos), ascus com célula pétrea.

**Género - Taphrina**

> Micélio sub-cuticular, intercelular ou localizado nas paredes externas das células epidérmicas do hospedeiro e forma ascos numa camada subcuticular.

> Reprodução assexuada por brotamento com formação de conídios ou blastosporos. Os ascos surgem através da transformação de células ascogénicas, ascus com célula basal, ascus contém 8 ascósporos que produzem pequenos blastosporos redondos por brotamento.

Por exemplo, *Taphrina deformans* (Crestamento da folha **do pessegueiro**)

*Taphrina maculans* (Mancha foliar do açafrão-da-terra)

**Ordem Protomycetales**

Os Protomycetales são parasitas das plantas vasculares e causam galhas e lesões.

**Família Protomycetaceae**

**Género Protomyces**

*Protomyces macrosporus* é a espécie mais comum da ordem que causa galhas nos coentros (Umbelliferae)

**Classe- Plectomycetes**

**Encomenda - Eurotials**

O ascocarpo é pequeno, esférico, não ostiolado, séssil ou pedunculado, sem paráfises. Os ascos, na sua maioria, não são pedunculados, não têm poros e são globosos. Ascósporos unicelulares, com ornamentos variados.

**Família - Eurotiaceae**

Cleistoteca com peridia definida, o aparelho sexual varia de gametângios conspícuos e entrelaçados em espiral a anastomoses repetidas de hifas vegetativas. Reprodução assexuada por conídios; os conídios desenvolvem-se no interior de uma célula especializada - fiálide; conídios catenados nascem de fiálides na extremidade de conidióforos ramificados.

**Género I Eurotium**

Eurotium tem uma fase conidial *Aspergillus* (fase assexuada/anamorfa). Os géneros com *Aspergillus* como anamorfo são *Emericella (A. nidulans), Eurotium (A. glaucus)* e *Neosartorya (A. fumigatus).*

Os conidióforos surgem a partir das células **do pé** que formam uma vesícula terminal inchada na qual se formam estruturas em forma de garrafa chamadas **esterigmatas** ou fialídeos.

Os conídios nascem diretamente nestes esterigmas ou estes esterigmas (primários) podem ramificar-se e formar esterigmas secundários nos quais os conídios nascem em cadeia de forma **besipetal**.

O cleistotécio é constituído por ascos dispersos irregularmente e rodeados por um perídio **amarelo** de camada única. A parede do asco rompe-se e os ascósporos escapam.

Os ascósporos são amplamente lenticulares, sem ornamentações superficiais evidentes.

Por exemplo, *Eurotium repens (Aspergillus glaucus)* - Comum em compota com bolor.

> Os conídios de *Aspergillus* estão sempre presentes no ar e causam contaminação em culturas laboratoriais de bactérias e fungos. *O A. niger* é chamado de **erva daninha do laboratório**.

> Em Inglaterra (1960), cerca de 100 000 perus morreram devido à ingestão de bolo de amendoim infestado com *Aspergillus flavus.* Uma toxina, chamada aflatoxina, produzida por *A. flavus,* foi responsável pela morte das aves.

> Os grãos armazenados comercialmente **abaixo de 13%** de teor de humidade (RH < 70% ) são atacados por *A. glaucus, A. halophilicus, A. restrictus, os* chamados **fungos de armazenamento** (Christensen 1965)

> As estirpes de *Aspergillus niger* são utilizadas no fabrico de vários ácidos, como os ácidos cítrico (90%), glucónico e itacónico, e de enzimas como a glucose oxidase e a lisozima.

**Género II Talaromyces**

Fase conidial *Penicillium* (fase assexuada)

Os conidióforos surgem de hifas aéreas e submersas. Não existem células pedunculadas. Os fialídeos nascem diretamente nos conidióforos ou num outro verticilo de ramos (metulae) e estes podem, por sua vez, surgir num outro verticilo de ramos (plrami, ramus-singular). Os conídios desenvolvem-se no interior dos fialídeos em cadeias besipetálicas.

> O Cleistothecium é uma estrutura solta, macia e de algodão.

> Ascósporos - Esféricos, elípticos ou lenticulares, de paredes lisas ou equinuladas, com pontuações ou faixas distintas que dão um aspeto de roda de roldana.

> Estado dos conídios *Pénicillium vermiculatum*

> Estado perfeito - *Talaromyces vermiculatus*

> Pincel artístico= Penicillus

> Bolor verde ou bolor azul

> Os géneros com *Pénicillium* como anamorfo são *Talaromyces* e *Eupenicillium.* Diferem na sua reprodução sexual e nos ascomatas. *Talaromyces* forma os ascos em clestotecas, em *Eupenicillium,* os ascos são formados em **ascostroma** (pseudoteca).

> As espécies de *Penicillium* são mais frequentes nos países **temperados**.

> A penicilina, droga maravilhosa, foi descoberta por Alexander Fleming (1927-28) a partir de *P. natatum.* A penicilina é fabricada comercialmente (na indústria) a partir de *P. chryrsogenum. O P. griseofulvum* produz o antibiótico griseofulvina, utilizado contra fungos que possuem quitina nas paredes celulares.

> Por exemplo, bolor azul dos citrinos (*P. italicum),* bolor verde dos citrinos (*P. digitatum)* e podridão das maçãs (*P. expansum).*

**Classe- Pyrenomycetes**
**Ordem I- Erysiphales**

I. Ascocarpo - não ostiolado (ou com apenas um ostiolado rudimentar)

II. Esférica ou hemisférica

III. Desenvolvendo-se em micélio externo, provido de apêndices

IV. Parasitas obrigatórios das plantas

**Família - Erysiphaceae**

Micélio superficial (ectofítico) ou parcialmente interno em alguns géneros *(Phyllactinia, Leveillula) e* espécies, haustórios formados por todas as espécies (Erysiphaceae mais globular, *Erysiphe graminis* digitada*)*

A reprodução assexuada faz-se por conídios ou oídios formados isoladamente ou em cadeia em conidióforos livres no micélio superficial. Os conídios do oídio são os maiores de todos os fungos. Os conídios dos fungos do oídio têm um elevado teor de água, cerca de 70%, pelo que não necessitam de película de água livre para a germinação. Os conídios dos fungos PM germinam em ambiente seco.

Ascocarpo com hifas superciais, perídio escuro, apêndices de várias formas e tipos.

> A família inclui os fungos **do oídio**. Os oídios podem ser **facilmente controlados** do que a maioria dos outros fungos parasitas, devido à sua **posição superficial** nos hospedeiros. Os fungicidas à base de enxofre são utilizados para controlar os agentes patogénicos do oídio. Recentemente, vários fungicidas sistémicos como o Ethirimol, o Demethirimol, o Dodemorph e o Tridemorph (morfolinas) têm sido utilizados contra o oídio.

> O oídio é uma doença policíclica que pode afetar a fotossíntese, prejudicar o crescimento e aumentar a taxa de senescência do tecido hospedeiro.

> O oídio é designado como oídio branco por C. E. Yarwood (1978).
Os ascos surgem da base do ascocarpo isoladamente ou em tufos.

**Três tipos de conidióforos podem ser reconhecidos na família Erysiphaceae**

I. **Tipo *de oídio***, que consiste num estipe curto de uma ou mais células, uma célula-mãe germinativa ou de esporos que dá origem a uma cadeia de conídios em maturação. Este tipo é mais comum, particularmente em espécies de *Erysiphe*

II. **O tipo *Ovulariopsis***, com um conídio clavado que é formado por certas espécies de *Phyllactinia*

III. **O tipo *de Oidiopsis*** em que os conidióforos são ramificados e surgem de um estoma como em *Leveillula.*

**Géneros**

Sphaerotheca, Podosphaera, Erysiphe, Microsphaera, Uncinula, Leveillula, Phyllactinia.

A ordem **Meliolales** é popularmente designada como "míldio negro" porque forma uma cobertura negra, por vezes espessa e aveludada, na superfície dos hospedeiros. Foi referido que os hipopódios mucronados produzem conídios que podem funcionar como espermátides em Meliolales (Hughes, 1981).

| **Famíli a** | **Géneros com caraterísticas/ caraterísticas diferenciadoras/ comparação** | | | | | | |
|---|---|---|---|---|---|---|---|
| Erysiph a ceae | I. *Sphaerotheca* | 2. *Podosfáceas* | 3. *Erysiphe* | 1. *Microsphaera* | 5. *Uncinula* | 6. *Leveillula* | 7. *Phyllactinia* |
| Ordem-Erysiph al es Classe- | Micélio superficial | Micélio superficial | Micélio superficial | Micélio superficial | Micélio superficial | Micélio parcialmente interno | Micélio parcialmente interno |
| Pyreno m ycetes | Ascocarpo peritécio (cleistotheciu m) com **um** ascus | Ascocarpo peritécio (cleistotheciu m) com **um** ascus | Peritécio do ascocarpo (cleistotheciu m) com **vários** ascus | Peritécio do ascocarpo (cleistotheciu m) com **vários** ascus | Peritécio do ascocarpo (cleistotheciu m) com **vários** ascus | Peritécio do ascocarpo (cleistotheciu m) com **vários** ascus | Peritécio do ascocarpo (cleistotheciu m) com **vários** ascus |
| | Apêndices de Cleistotheciu m/p erithecium **Simples (micelóide)** | Apêndices de Cleistotheciu m/p erithecium **dicotomicame nte** ramificados na ponta | Apêndices de Cleistotheciu m/p erithecium **Simples (micelóide)** | Apêndices de Cleistotheciu m/p erithecium **dicotomicame nte** ramificados na ponta | Apêndices de Cleistotheciu m/p erithecium **enrolados** na ponta **(ponta de gancho)** | Apêndices de Cleistotheciu m/p erithecium **Simples (micelóide)** | Apêndices de Cleistotheciu m/p erithecium **rígidos com basal inchaços (base bulbosa)** |

| | *Sphaerotheca fuliginea*<br>PM de cucurbitáceas | *Podosphaera leucotricha*<br>PM da macieira | *Erysiphe polygoni* PM da ervilha<br>*E. cichoraceaum* PM de cucurbitáceas | *Microsphaera alphitoides*<br>PM de carvalho | *Uncinula necator* PM da uva | *Leveillula taurica* PM de rícino | *Phyllactinia dalbergiae*<br>PM de shisham |
|---|---|---|---|---|---|---|---|

**Classe- Pyrenomycetes**

**Ordem II - Sphaeriales**

I. Ascocarpo - ostiolado (maioritariamente)

II. Globoso ou em forma de pera

III. Não se desenvolve em micélio externo, não possui apêndices

IV. Não são parasitas obrigatórios de plantas superiores

**Família - Clavicipitaceae**

> Estroma bem desenvolvido

> Nalguns casos, os estromas desenvolvem-se em pedúnculos curtos a partir de estruturas **escleróticas** de cor escura.

> Os peritécios estão imersos no estroma

> Ascos cilíndricos com tampa apical.

> Ascósporos longos, estreitos (filiformes).

> Parasita de gramíneas

> A família inclui géneros importantes causadores de doenças da cravagem

**Género I - Claviceps**

> O estroma, com um longo pedúnculo e uma cabeça globosa, surge de um esclerócio preto.

> Os peritécios são produzidos em direção à periferia do estroma, completamente imersos neste último. O peritécio abre-se para o exterior através de um óstio.

> Os ascos têm 8 esporos e são dotados de uma tampa espessa perfurada por um poro para a libertação dos ascósporos.

> Ascósporos filiformes

> Conidióforos - curtos e numerosos

> Conídios - Conídios pequenos e ovados.

Por exemplo, *Claviceps purpurea* - Ergot do centeio

*Claviceps fusiformis (C. microcephala)* - Ergot de Bajara

# Capítulo 4

## 4. Diferença entre DM e PM

| S. Não | Míldio | Oídio (branco) |
|---|---|---|
| 1. | Caracterizado pelo **felpudo crescimento** do micélio do fungo nas **partes inferiores** das folhas do hospedeiro. | Caracterizado pela presença de **crescimento pulverulento** em **ambas as** superfícies do hospedeiro, especialmente nas folhas e noutras partes verdes. |
| 2. | Reconhecido como falso míldio. | Reconhecido como verdadeiro míldio |
| 3. | O micélio é asseptado e de existência totalmente **endofítica**. | O micélio é septado e, na maioria, **superficial ou ectofítico**. |
| 4. | Relativamente mais difícil de gerir. | Relativamente mais fácil de tratar devido à posição superficial no tecido do hospedeiro. |
| 5. | As partes afectadas são cloróticas. | As partes afectadas são necróticas. |
| 6. | Reprodução assexuada por meio de conídios e zoósporos, consoante do género (esporângios que germinam por tubo germinativo direto são frequentemente designados por conídios por alguns micologistas). | Reprodução assexuada por conídios. |
| 7. | O organismo causador pertence à classe *dos oomicetas,* ordem Peronosporales, família Peronosporaceae. | O organismo causador pertence à classe - *Pyrenomycetes*, ordem - Erysiphales, família - Erysiphaceae. |
| 8. | Os esporos sexuais são oósporos. | Os esporos sexuais são ascósporos encerrados num cleistotécio. |
| 9. | Estruturas reprodutoras oogónio (?) e anterídio (J ) produzidos | Estrutura reprodutiva ascogónio (?) e anterídio (J) produzidos. |
| 10. | Favorecer o tempo fresco e húmido ou | Favorecer o tempo frio ou fresco **e seco** |

| | de monção | |
|---|---|---|
| 11. | Produziu haustórios em forma de dedo ou ramificados, curtos, ovados e vesiculares. | Produzem haustórios globulares (Erysiphaceae) e digitados *(E. graminis).* |
| 12. | | Controlo biológico com *Ampelomyces, Cladosporium, Verticillium, Thrips* (inseto) |

# Capítulo 5

## 5. Diferença entre *Aspergillus* e *Pénicillium*

| **Caraterísticas** | ***Aspergillus*** | ***Penicillium*** |
|---|---|---|
| Nome comum | Bolor negro | Bolor verde |
| Conidióforo | Aseptado e não ramificado | Septado e ramificado |
| Célula pétrea | Presente | Ausente |
| Vesícula | Formado na ponta dos conidióforos | Formado na ponta dos esterigmatas, toda a estrutura parece a de um pincel de artista |
| Conídios maduros | De cor amarela ou castanha ou preta ou verde | Cor verde ou azul |
| Metullae | Ausente | Presente abaixo dos fialides |
| Paredes de cleistothecium | Solto | Comparativamente, compacto e espesso |

# Capítulo 6

## 6. Diferença entre Talaromyces e Eupenicillium

| **Caraterística** | **Talaromyces** | **Eupenicílio** |
|---|---|---|
| Corpo de frutificação | Cresce indefinidamente e o seu tamanho continua a aumentar mesmo após a maturação dos ascósporos | Tamanho definido |
| Parede de Cleistothecium | A parede cleistotélica é constituída por hifas entrelaçadas, dispostas de forma frouxa | A parede cleistotélica é dura e constituída por paredes espessas |
| Asci | Na maioria das espécies, os ascos são produzidos a partir de báculos | Os ascos desenvolvem-se geralmente em ramos curtos das hifas ascogénicas |

# Capítulo 7

**7. Diferença entre *Oidium, Oidiopsis* e *Ovulariopsis***

| **Caraterística** | ***Oídio*** | ***Oidiopsis*** | ***Ovulariopsis*** |
|---|---|---|---|
| Teleomorfo | Família Erysiphaceae *(Erysiphe)* | *Leveillula* | *Phyllactinia* |
| Prazo | Introduzido por Link (1824) | Apresentado por Scalia (1902) | - |
| Micélio | Hialina, septada, ectofítica | Hialina, septada, endofítica | Hialina, septada, ectofítica e endofítica |
| Apêndices cleistoteciais | Miceloide (Simples) | Miceloide | Bulboso |
| Anfitrião | Cevada, trigo, grama preta, cucurbitáceas. | Malaguetas, rícino, algodão, sésamo | Amora |
| Exemplos | *E. cichoracearum*<br>*E. graminis*<br>*E. polygoni* | *L. taurica* | *P. corylea* |

# Capítulo 8

## 8. Diferença entre Basidiomycotina e Ascomycotina

| Sr. Não. | Basidiomicotina | Ascomycotina |
|---|---|---|
| 1. | As ligações por pinças ocorrem no micélio secundário. | Ausente, a formação em báculo é comum. |
| 2. | Os septos doliporos estão presentes na maioria dos membros. | Ausência de septos doliporos. |
| 3. | A formação de basídios e basidiósporos é a principal caraterística. | A formação de ascos e ascósporos é uma das principais caraterísticas. |
| 4. | Os basidiósporos são formados **exogenamente** no basídio. | Os ascósporos são formados **endogenamente** no ascus. |
| 5. | Os basidiósporos são geralmente em número de **quatro** num basídio. | Os ascósporos são geralmente **oito** em ascus |
| 6. | O corpo frutífero é constituído inteiramente por hifas dicarióticas denominadas basidiocarpo. | O corpo de frutificação é constituído por hifas monocarióticas e dicarióticas e é designado por Ascocarpo. |
| 7. | A dicariofase tem vida longa e é independente. | A dicariofase tem vida curta e é dependente. |
| 8. | Micélio primário de vida curta contendo células com núcleos haplóides. | O micélio primário tem uma vida longa e é dominante |
| 9. | O aparelho sexual é pouco desenvolvido ou mesmo inexistente. | O aparelho sexual apresenta uma degeneração progressiva (os órgãos sexuais estão presentes nos ascomicetes inferiores e ausentes nos superiores). |

# Capítulo 9

## 9. Diferença entre fitomicetos e ascomicetos

Gwynne-Vaughan e Barnes (1937) dividiram os fungos em 3 classes principais (Phycomycetes, Ascomycetes e Basidiomycetes) com base na septação do micélio e no carácter dos esporos.

| Caraterística | Phycomycetes | Ascomicetes |
|---|---|---|
| Septa | Os fungos com micélio asseptado (não septado ou coenocítico) foram agrupados na classe Phycomycetes (organismo semelhante a um fungo ou pseudofungo), estando atualmente agrupados no Reino - Protista e Chromista. | O micélio é sempre septado, exceto nos membros unicelulares (leveduras). |
| Tecido fúngico | As hifas somáticas não mostram tendência para se organizarem em tecidos fúngicos. | As hifas em muitos membros mostram tendência para se agregarem em tecidos fúngicos. |
| Órgãos sexuais | Os órgãos sexuais tornam-se progressivamente mais complicados dos Phycomycetes inferiores para os superiores. | Os órgãos sexuais simplificando e desaparecendo progressivamente das formas inferiores para as superiores. |
| Reprodução assexuada | Geralmente pela formação de zoósporos em zoosporângios. | Geralmente por conídios produzidos exogenamente. |
| Plasmogamia | A plasmogamia é imediatamente seguida pela cariogamia. | A plasmogamia não é imediatamente seguida de cariogamia na maioria dos membros. |
| Diplófase | Zigósporo, que é geralmente de vida longa (requer um longo período de | Asco, não necessita de um longo período de repouso. O |

| | | |
|---|---|---|
| | repouso antes da germinação). | seu núcleo diploide divide-se rapidamente para formar núcleos haplóides. |
| Corpo de frutificação | Não se formam corpos de frutificação bem organizados. | Em quase todos os membros formam-se corpos de frutificação bem organizados ou ascocarpos. |

# Capítulo 10

## 10. Diferença entre biotróficos e necrotróficos

| **Boitrófos** | **Necrótrofos** |
|---|---|
| i) As células hospedeiras não são rapidamente mortas | As células hospedeiras são rapidamente mortas |
| ii) Formação de estruturas parasitárias específicas (haustórios). | Não se formou nenhuma estrutura parasitária específica. |
| iii) Acolhimento penetrado diretamente ou através de aberturas naturais. | O hospedeiro é penetrado através de feridas ou aberturas naturais. |
| iv) Produzem poucas ou nenhumas toxinas ou enzimas citolíticas. | Produção de toxinas e de enzimas citolíticas . |
| v) Gama de hospedeiros limitada. | Ampla gama de hospedeiros. |
| vi) Normalmente não crescem longe do hospedeiro. | Crescem saprofiticamente longe do hospedeiro. |
| vii) Infetar hospedeiros saudáveis em todas as fases de desenvolvimento. | Infetar tecidos juvenis, debilitados ou senescentes. |
| viii) Exemplos Ferrugem, míldio, , ferrugem branca | *Sclerotium rolfsii,* |

# Capítulo 11

**11. Doenças causadas pela subdivisão Ascomycotina**

| **Sr. Não.** | **Organismo causal** | **Exemplo de doença** |
|---|---|---|
| 1. | *Protomyces macrosporus* | Galhas de caule de coentros |
| 2. | *Taphrina deformans* | Caracol da folha **do pessegueiro** |
| 3. | *Taphrina maculans* | Mancha foliar do açafrão-da-terra |
| 4. | *Mycosphaerella arachidicola* | Mancha foliar precoce (Tikka) do amendoim |
| 5. | *Mycosphaerella berkeleyii* | Mancha foliar tardia (Tikka) do amendoim |
| 6. | *Guignardia bidwellii* | Doença da podridão negra das uvas |
| 7. | *Venturia inaequalis* =*Spilocaea pomi* | Sarna da maçã (Epidemia em 1973 em Caxemira e HP |
| 8. | *Botryosphaeria ribis* | Cancro do tronco e podridão dos frutos da macieira |
| 9. | *Cochliobolus miyabeanus* | Mancha foliar do arroz |
| 10. | *Leptosphaeria sacchari* | Mancha anelar da cana-de-açúcar |
| 11. | *Trichomelasphaeria turcica* | Ferrugem da folha do milho |
| 12. | *Pyrenophora teres* | Mancha líquida da cevada |
| 13. | *Pleospora betae* | Podridão das plântulas e das raízes da beterraba sacarina |
| 14. | *Eurotium* | Coni dial stage *Aspergillus* Deuteromycotina |
| 15. | *Talaromyces* | Fase conidial *Penicillium* Deuteromycotina |
| 16. | *Sphaerotheca fuliginea* *Erysiphe cichoracearum* | PM de cucurbitáceas |
| 17. | *Sphaerotheca pannosa* | PM de rosa e pêssego |

| | | |
|---|---|---|
| 18. | *Podosphaera leucotricha* | PM da Apple |
| 19. | *Erysiphe polygoni*<br>*Erysiphe pisi* DC | PM de ervilha, crucíferas, cucurbitáceas |
| 20. | *Erysiphe graminis (Blumeria graminis)* | PM de cereais e gramíneas (trigo, cevada, aveia, centeio, Haustoria digitata) |
| 21. | *Phyllactinia dalbergiae* | PM de shisham |
| 22. | *Microsphaera alphitoides* | PM de carvalho |
| 23. | *Uncinula necator*<br>*= Oidium tuckeri* | PM de videiras |
| 24. | *Leveillula (Oidiopsis) taurica* | PM de rícino e cebola |
| 25. | *Ceratocystis fimbriata* | Podridão negra da batata-doce |
| 26. | *Ceratocystis ulmi*<br>*(Pesotum/ Chalara ulmi)* | Doença do olmo holandês |
| 27. | *Ceratocystis fagacearum* | Murchidão do carvalho |
| 28. | *Ceratocystis paradoxa* | Doença da maçã do pinheiro na cana-de-açúcar |
| 29. | *Nectria radicicola* | Mancha negra dos bagos de uva |
| 30. | *Gibberella zeae* | Crestamento das plântulas e podridão superficial do milho |
| 31. | *Glomerella tucumanensis =Colletotrichum falcatum = Physalospora tucumanensis* | Podridão vermelha da cana-de-açúcar |
| 32. | *Glomerella lindemuthiana =Colletotrichum lindemuthiana* | Antracnose do feijão |
| 33. | *Gaeumannomyces graminis tritici*<br>*= Ophiobolus* | Cabeças brancas e Tomar tudo de trigo (PO4) |

| | | |
|---|---|---|
| 34. | *Diaporthe citri* =*Phomopsis* | Morte e podridão da extremidade do caule dos citrinos |
| 35. | *Rosellinia necatrix* | Podridão branca da raiz da macieira |
| 36. | *Clavic eps fusiformis* =*Claviceps microcephala* | Ergot de Bajara (20% de sal sol$^n$, fluido cor-de-rosa ou cor-de-mel claro, ergotismo |
| 37. | *Claviceps purpu rea* | Ergot do centeio |
| 38. | *Claviceps oryzae-sativae* = *Ustilaginoidea virens* | Falsa mancha de arroz |
| 39. | *Sclerotinia sclerotiorum* | Podridão de Sclerotinia e murchidão de brinjal |
| 40. | *Endothia parasitica* | Cancro do castanheiro |
| 41. | *Gibberella fujikuroi* = *Fusarium moniliforme* | Bakanae foolish seedling disease do arroz, Pokkah boing ou podridão do caule da cana-de-açúcar, podridão do caule do milho |
| 42. | *Phyllachora maydis* | Mancha de alcatrão do milho |
| 43. | *Monilinia (Sclerotinia} fructicola* | Podridão castanha dos frutos de caroço (ameixas, pêssegos, amêndoas, cerejas) |
| 44. | *Beauveria bassiana* | Doença da muscardina branca do bicho-da-seda (Bassi, 1835) |

# Capítulo 12

## 12. Terminologia

**Teleomorfo** - forma sexual meiótica ou estado perfeito ou ascígero (Hennebert e Weresub, 1977)

Anamorfo - forma assexual mitótica ou conidial ou imperfeita t state

**O anamorfo órfão** tem sido aplicado a formas assexuadas que têm ligações óbvias a fungos sexuais com estados anamórficos semelhantes (Kohn, 1993)

**Holomorfo** - fungo inteiro em todas as suas formas e fases

**Sinanamorfo** - aplicado a qualquer um dos dois ou mais anamorfos (estados assexuados) que têm o mesmo teleomorfo (Gams, 1982)

**Centrum:** o termo centrum foi cunhado por Wehmeyer (1926) e, segundo ele, o centrum é uma totalidade de estruturas (ascos e elementos estéreis) rodeadas por uma parede de ascocarpo. A classificação dos pirenomicetos baseia-se no tipo de centrum presente. Quatro tipos de centro reconhecidos neste grupo são o tipo Phyllactinia, o tipo Xylaria, o tipo Diaporthe e o tipo Nectria.

**Quatro** tipos principais de Ascocarpo/ ascoma (pl. ascomata)

I. ***Cleistotécio:*** Que é geralmente globular e completamente fechado sem qualquer abertura (ostiole) para a libertação de ascósporos. **Chasmothecium** (Braun et al 2002) é o novo nome dado ao corpo de frutificação do oídio. Trata-se de um ascoma esférico único, sem abertura natural e que liberta ascos e ascósporos através do desenvolvimento de uma fenda no mesmo.

II. ***Peritécio:*** que é um corpo frutífero em forma de frasco aberto por um poro ou óstiole. Por exemplo, *pirenomicetos (Ne urospora, Claviceps, Nectria).*

III. ***Apotécio:*** que é um corpo de fruto em forma de taça ou pires com um houménio exposto (Ascocarpo aberto). Por exemplo, *Discomycetes (Peziza, Geoglossum, Morchella, Sclerotinia, Helvella).*

IV. ***Ascostroma (Ascostromata):*** é um corpo frutífero no qual os ascos bitunicados se desenvolvem em cavidades-lóculos no interior do estroma. Por exemplo, *Loculoascomycetes (Pleospora, Mycosphaerella, Venturia).*

Algumas formas modificadas dos ascocarpos acima referidos são conhecidas nalguns membros, **as histerotecas**, que são ascocarpos alongados, em forma de barco, cada um com uma fenda longitudinal. Por exemplo, *Hysteriales, Arthoniales.*

**Paráfises**: As parafises são elementos hifais estéreis, de crescimento ascendente, ligados à base e situam-se entre os ascos no himénio. Supõe-se que as paráfises auxiliam na disseminação dos ascósporos.

Periphyses: As perífises são pêlos curtos que crescem a partir ou perto do óstio de um peritécio, como nos Pirenomicetos, ou da abertura de um ascostroma, como nos Loculoascomicetos. As periphyses também ocorrem em pycnia nos Sphaeropsidal es e spermogonia nos fungos da ferrugem.

Corpos **de Woronin**: nomeados em homenagem ao micologista russo M S Woronin, são geralmente esféricos e altamente refractários e estão ligados por uma membrana unitária. Encontram-se associados aos poros septais dos discomicetos e de muitos fungos deuteromicetos (tapam o poro septal das hifas, separam as hifas envelhecidas ou danificadas do resto do micélio). O corpo da woronina é originário do microcorpo.

**Corpo concêntrico**: ocorre principalmente em ascomicetes liquenizados.

> **Amerosporae**: Conídios contínuos (unicelulares), esféricos, ovóides a alongados ou

cilíndricos curtos

> **Allantosporae**: Conídios cilíndricos, curvos (alantoides), hialinos a pálidos

> **Hyalosporae**: Conídios hialinos

> **Phaeosporae**: Conídios coloridos

> **Didymosporae**: Conídios ovóides a oblongos, um septado

> **Phragmosporae**: Conídios oblongos, dois a m qualquer septado (transversalmente septado)

> **Dictyosporae**: Conídios ovóides a oblongos, septados em rede (septados transversal e longitudinalmente)

> **Scolecosporae**: Conídios filiformes a vermes, contínuos ou septados, hialinos ou coloridos

> **Estaurósporos**: Conídios estrelados (em forma de estrela), radialmente lobados, contínuos ou septados, hialinos ou coloridos

> *Sclerotium* e *Rhizoctonia* não produzem conídios. No passado, foram incluídos nos Deuteromycotina num grupo conhecido como Mycelia Sterilia, que significa, obviamente, micélio estéril. No entanto, produzem esclerócios.

**Hifas ascogénicas:** Hifas que surgem do ascogónio fertilizado e produzem os ascos.

**Papila**: Um pequeno processo arredondado.

**Ascocarpo**: O corpo de frutificação (fruto de esporos sexuais) de Ascomycotina que contém esporos sexuais, nomeadamente ascósporos.

**Ascostroma**: Ascocarpo estromático que contém ascos diretamente em locos dentro do estroma.

**Unitunicado** (ascus): Um ascus em que tanto a parede interna como a externa são mais ou menos rígidas e não se separam durante a ejeção dos esporos.

**Bitunicado** (ascus): Um ascus em que a parede interna é elástica e se expande muito para além da parede externa no momento da libertação dos esporos.

**Evanescente**: Desaparece rapidamente (curta duração)

**Blastosporos**: Forma-se um esporo através do aumento acentuado de uma inicial de esporo reconhecível antes de a inicial ser delimitada por um septo (um esporo que foi descolado).

**Confluente**: Encontrar-se uns com os outros.

**Ramus**: Um ramo, uma célula com uma vertical de métulas e fialides.

**Catena te**: Significa em cadeias.

**Fialide**: Uma pequena estrutura em forma de garrafa a partir da qual os esporos são produzidos sem que o seu comprimento aumente.

**Metula**: Um ramo de conidióforo com fiálides.

**Besipetal**: Produzidas sucessivamente com as mais jovens na base.

**Lenticular**: Como uma lente dupla convexa na forma.

**Sterigmata** (pl.): Pequeno ramo ou estrutura hifal, que suporta um esporângio, um conídio ou basidiósporo.

**Deiscência**: Abertura quando maduro para libertar o conteúdo.

Em Ascomycotina, a perda ou degeneração dos órgãos sexuais, especialmente do anterídio, é uma pena conspícua.

**Ascósporo**: Um esporo produzido num ascus por formação de células livres ou o esporo produzido como resultado de meiose e encerrado dentro de uma cobertura especializada, o ascus, são chamados ascósporos.

**Basídio**: É uma estrutura que tem na sua superfície um número definido de basidiósporos que se desenvolvem após a cariogamia e a meiose. O basídio tem forma de taco. **Basidiósporos**: Os basidiósporos são geralmente unicelulares, haplóides, globosos ou ovais ou alongados. Podem ser incolores ou pigmentados. Os basidiósporos geralmente recebem um único núcleo do basídio (no entanto, em algumas espécies, dois núcleos podem mover-se no basidiósporo. Também pode tornar-se binucleado devido à divisão mitótica do seu núcleo). Os basidiósporos que germinam diretamente produzem micélios primários e, na germinação indireta, formam-se esporos secundários ou botões.

**Basidiocarpos (flor do fungo)**: A maioria dos Basidiomycotina produz os seus basídios em corpos de frutificação de vários tipos, chamados basidiocarpos. Estes corpos de frutificação **não** se formam em ferrugens e smuts. Podem ser de tamanho microscópico até vários metros de diâmetro. Podem ser gelatinosos, carnudos, esponjosos, cortiça, lenhosos ou, de facto, de quase qualquer textura. Alguns exemplos incluem **fungos de suporte, bolas de puff, cogumelos**, etc.

**Os basidiocarpos** podem estar abertos, expondo os seus basídios, ou podem estar fechados, onde os basidiósporos são libertados após a desintegração dos basidiocarpos. Os basídios são produzidos no himénio. Juntamente com os basídios, encontram-se estruturas hifais estéreis interprimidas chamadas **paráfises**. Algumas hifas estéreis (paráfises) assumem uma forma mais longa e inchada e são então designadas por **cistídio**.

**Hospedeiro**: Um organismo que alberga ou suporta as actividades de um parasita é conhecido como hospedeiro.

**Autoecismo**: É um fenómeno em que um agente patogénico é capaz de completar o seu ciclo de vida num único hospedeiro.

**Autoecismo**: É um fenómeno em que um agente patogénico é capaz de completar o seu ciclo de vida num único hospedeiro.

É a capacidade de um fungo parasita de completar todo o seu ciclo de vida numa única espécie de hospedeiro (utilizado sobretudo para certas ferrugens).

Fungo/ferrugem **autóctone**: Um fungo parasita/ferrugem que pode completar todo o seu ciclo de vida no mesmo hospedeiro. Exemplo: ferrugem do linho *(Melampsora lini).*

**Heteroecismo**: É um fenómeno em que um agente patogénico é capaz de completar o seu ciclo de vida em mais do que um hospedeiro, geralmente dois (em duas plantas diferentes não relacionadas).

A necessidade de duas espécies hospedeiras para completar o ciclo de vida de certos fungos parasitas é designada por heter oecismo.

**Heteróico**: Um fungo parasita, em particular um fungo de ferrugem, que necessita de dois tipos diferentes de hospedeiros para completar o seu ciclo de vida, é designado por fungo/ferrugem heteróico (as ferrugens heteróicas produzem, portanto, as fases 0 e I numa espécie hospedeira e as fases II e III noutra). Exemplo: Ferrugem negra do caule do trigo, *Coelomomyces psorophorae* (Blastocladiales)

**Hospedeiro primário** (aplicado em relação à ferrugem): Convencionalmente, na literatura micológica, o hospedeiro no qual **o estádio III (estádio telial)** é produzido é reconhecido como hospedeiro primário. O processo de cariogamia e meiose tem lugar nos teliosporos, pelo que estes são considerados a fase perfeita das ferrugens.

No entanto, um grupo de patologistas reconhece como hospedeiro primário a planta/cultura economicamente mais importante. Exemplo: ferrugem negra do caule do trigo, o trigo é o hospedeiro primário de *Puccinia graminis tritici.*

**Hospedeiro alternativo** (aplicado à ferrugem): Um dos dois tipos de plantas em que um parasita deve desenvolver-se para completar o seu ciclo de vida. Normalmente, o termo é aplicado a um hospedeiro (que não o hospedeiro primário) no qual o fungo da ferrugem produz geralmente as fases 0 e I (fase sexual do hospedeiro). Exemplo: Na ferrugem negra do caule do trigo causada por *Puccinia graminis tritici, o bérberis* é o hospedeiro alternativo.

**Basídio**: Uma hifa produtora de esporos (geralmente em forma de taco) e portadora de basidiósporos. O basídio é dividido em três partes: Probasidium, metabasidium e sterigmata, com base no comportamento nuclear.

**Probasídio**: É a porção do basídio em que ocorre **a cariogamia** (fusão nuclear).

**Metabasídio**: É a porção do basídio onde ocorre **a meiose**.

**Sterigmata**: É um pequeno ramo ou estrutura hifal que suporta um basidiósporo (nos fungos da ferrugem).

**Holobasidium**: Holobasidium é um basídio unicelular, asseptado. Os holobasídios podem ser quiastobasídios ou stichobasídios.

**Chiastobasidia**: Nos chiastobasidia os fusos nucleares estão orientados **perpendicularmente** ao longo eixo do basídio, **ao mesmo** nível do basídio. Forma clavada.

**Stichobasidia**: Nos stichobasidia os fusos estão orientados **paralelamente** ao eixo longo e encontram-se a **diferentes** níveis. De forma cilíndrica.

**Fragmobasídio**: Um basídio tipicamente dividido em quatro células por septos primários transversais ou verticais. Os septos primários são formados em associação temporal com a meiose. **Heterobasídio**: refere-se a qualquer tipo de basídio que não seja o Holobasídio unicelular, em forma de taco, caraterístico dos Basidiomycotina morfologicamente complexos (heterobasídio = phragmobasídio).

**Hipobasídio**: O basídio com esterigmata e basidiósporos é chamado de hipobasídio (primeira porção formada do fragmobasídio).

**Epibasídio**: Qualquer estrutura que se encontre entre o probasídio e o esterigmata (porção formada posteriormente ao fragmobasídio).

**Apêndice** : **hilar**A parte de um esporo (basidiósporo) que se liga aos esterigmas na extremidade de um basídio.

**Hymenóforo**: O himenóforo é a superfície que suporta o himénio. Pode ser liso, poróide e lamelar.

**Gy** mnocarpous: O esporocarpo com o primórdio ou esporocarpo maduro descoberto ou com o himénio exposto é denominado gimnocarpo (o basidiocarpo está exposto desde o início ou o basidiocarpo está aberto desde o início).

**Semi** ou **hemiangiocárpico** (semiangiocárpico): Os basidiocarpos que se abrem numa fase posterior são designados por semiangiocarpos.

**Angiocárpico/Angiocárpico**: O basidiocarpo permanece permanentemente fechado, libertando basidiósporos apenas após a desintegração do perídio e é denominado angiocárpico. **Ballistospore**: O Dr. M. A. Donk (Derx, 1948) deu o nome de balistósporo aos esporos que se libertam violentamente. A descarga violenta dos basidiósporos ocorre violentamente através do mecanismo de gota de água ou do mecanismo de rebentamento de bolhas.

**Estatismosporos**: Os basidiósporos de descarga passiva são chamados de estatismosporos.

**Septos primários**: (em relação a Basidiomycotina): Os septos que se formam em associação com a divisão nuclear e que se estabelecem entre os núcleos filhas.

**Septos adventícios**: Septos formados independentemente da divisão nuclear, especialmente associados a mudanças na concentração de protoplasma em partes de uma hifa.

**Inóculo**: O inóculo é o material infecioso que pode causar a doença, e é a porção de agentes patogénicos individuais que é posta em contacto com o hospedeiro.

**Polimorfismo**: Trata-se de um fenómeno em que um agente patogénico é capaz de produzir diferentes tipos de esporos durante o seu ciclo de vida (é designado por polimorfismo e uma ferrugem deste tipo é designada por polimórfica).

Ferrugem **macrocíclica/** de ciclo longo/ do tipo Eu: *Puccinia graminis tritici.*

Ferrugem do tipo hemi/ **demiciclo/** opsis:

**Tipo Brachy**: O padrão do ciclo de vida de uma ferrugem em que uma fase especial é omitida e as restantes fases 0, II e III são produzidas é designado por bra chy type. Exemplo: *Puccinia suaveolens* (ferrugem do cardo do Canadá *(Cirsium arvense).*

**Biótipo**: Biótipo é uma população de indivíduos geneticamente idênticos (literalmente qualquer subdivisão de espécies que se baseie em critérios que não sejam morfológicos).

**Patótipo**: Trata-se de uma subdivisão de uma espécie que se distingue pelos caracteres comuns de patogenicidade, particularmente em relação à gama de hospedeiros.

**Patodema**: Patodema é a população de um hospedeiro em que todos os indivíduos têm em comum um determinado carácter de resistência (Robinson, 1969).

**Serótipo**: Um serótipo é uma população de um agente patogénico (normalmente uma bactéria ou um vírus) em que todos os indivíduos possuem um determinado carácter serológico em comum (Robinson, 1969).

**Fisiótipo**: É uma população de agentes patogénicos em que todos os indivíduos têm um carácter particular de fisiologia (mas não de patogenicidade) em comum (Robinson, 1969).

**Patogenicidade**: É a qualidade ou caraterística do agente patogénico capaz de causar doenças.

**Patogénese**: É a sequência de progresso no desenvolvimento da doença desde o contacto inicial entre um agente patogénico e o seu hospedeiro até à conclusão da síndrome.

**Síndrome**: As plantas doentes apresentam vários sintomas valiosos pelos quais uma doença é reconhecida. Estes sintomas são conhecidos coletivamente como síndrome.

**Doença**: Agrios (1997) definiu a doença nas plantas como uma série de respostas invisíveis e visíveis das células e tecidos das plantas a um microrganismo patogénico ou a um fator ambiental que resultam em alterações adversas na forma, função ou integridade da planta e que podem levar a uma deterioração parcial ou à morte da planta ou das suas partes.

A doença é um processo de mau funcionamento que é causado por uma irritação contínua (Horsfall e Cowling, 1977).

**Ciclo da doença**: Uma série de eventos envolvidos no desenvolvimento da doença, incluindo as fases de desenvolvimento do agente patogénico e o efeito da doença no hospedeiro, é designada por ciclo da doença.

**Evolução da doença**: Refere-se a uma série de acontecimentos que ocorrem entre o momento da infeção e o desenvolvimento completo da doença.

**Penetração**: Este é o primeiro passo no contacto do inóculo com o hospedeiro. A penetração refere-se à invasão inicial do hospedeiro por um organismo. A penetração pode ou não causar infeção.

**Infeção**: Implica o estabelecimento do agente patogénico no interior do hospedeiro após a penetração, estabelecendo-se uma relação parasitária entre os dois organismos.

**Epidemiologia**: A epidemiologia da doença é o estudo dos factores que afectam o surto de uma doença infecciosa. Vander Plank (1963) definiu a epidemiologia como a ciência da doença numa população.

**Cultura axénica**: A cultura axénica é definida como o crescimento de um organismo de uma única espécie na ausência de um organismo vivo ou de células vivas de qualquer outra espécie.

**Micologia:** Micologia consiste em duas palavras gregas *mykes*= cogumelo, *logos* = estudar. A micologia é a ciência que se ocupa dos diferentes aspectos dos fungos. Estes estudos incluem o processo evolutivo, as estruturas morfológicas, a distribuição, as histórias de vida e a inter-relação dos fungos com os seus hospedeiros.

**Eucarpo** (Gr. eu=bom + *karpos=fruto'):* Na maioria dos fungos, o talo é diferenciado numa parte vegetativa que absorve nutrientes e numa parte reprodutiva que forma estruturas reprodutivas. Tais talos são chamados eucárpicos.

**Holocárpico** (Gr. *holos= inteiramente + karpos= fruto):* O talo s não apresenta esta diferenciação e, após uma fase de crescimento vegetativo, transforma-se numa ou mais estruturas reprodutivas. Tais talos são chamados holocárpicos.

**Micélio** (Gr. *mykes*= cogumelo, fungo): A rede de hifas que constitui o corpo (talo, soma) do fungo é chamada micélio.

**Septa**: As hifas são divididas em compartimentos ou células por paredes transversais chamadas septos. Os septos primários são formados durante as divisões nucleares e são colocados entre os núcleos filhos. Os septos adventícios são formados independentemente da divisão nuclear e estão especialmente associados a mudanças na concentração do protoplasma à medida que este se move de uma parte da hifa para outra. As hifas em Ascomycetes, Basidiomycetes e Fungi Imperfecti são regularmente septadas. Os septos são talvez considerados5 como uma das caraterísticas de reforço das hifas.

**Rhizomorphs** (Gr. Irhiza= raiz + morphe= forma): Em muitos fungos invasores de raízes ou destruidores de madeira, as hifas são agregadas longitudinalmente em vários graus de complexidade, de tal forma que as hifas perdem a sua individualidade e formam tecidos complexos que constituem os órgãos de migração micelial e de transporte de alimentos. Este tipo de tecido é conhecido como rizomorfo devido à semelhança da sua ponta com a ponta de uma raiz. O rizomorfo mais bem estudado é o de *Armillariella mellea (Armillaria mellea).*

**Homocariótico** (Gr. *homo= o mesmo+ karyon= noz, núcleo).* O micélio contém núcleos geneticamente idênticos.

**Heterocariótico** (Gr. *heteros= outro + karyon= noz, núcleo):* Micélio que contém núcleos geneticamente diferentes.

# Capítulo 13

## 13. Livros importantes de fitopatologia

| Ano | Autor | Nome do livro |
|---|---|---|
| 1729 | P A Micheli | *Nova Plantarum Géneros* |
| 1753 | C Linnaeus | *Espécies Plantarum* |
| 1793 | C H Persoon | *Synopsis Methodica Fungorum* |
| 1829 | E M Fries | *Systema Mycologicum* |
| 1833 | Unger | *O exantema das flores* |
| 1841 | Dr. John Lindley | *Crónica do jardineiro* |
| 1858 | J G Kuhn | As Doenças das Culturas Cultivadas: As suas causas e o seu controlo |
| 1859 | Charles Darwin | Origem das Espécies |
| 1866 | Anton De Bary | *Morfologia e Fisiologia de Pilões, Pulgões e Mixomicetos* |
| 1874 | Robert Hartig | *Doenças graves dos animais de estimação* |
| 1882 | Robert Hartig | *Livro de referência sobre as doenças do gado* |
| 1909 | Sorauer | *Handbuch der Pflanzenkrakheiten* |
| 1918 | Whetzel | Esboço da história da fitopatologia |
| 1919 | E J Butler | Fungos e doenças em plantas |
| 1923 | Gaspard Bauhin | *Pinax Theatri Botanici* |
| 1949 | B B Mundkur | Fungos e doenças das plantas |
| 1950 | E A Gaumann | Princípios da infeção das plantas |
| 1956 | J G Horsfall | Princípios de ação dos fungicidas |
| 1958 | M N Kamat | Introdução à fitopatologia |
| 1962 | G Rangaswami | Doenças bacterianas das plantas na Índia |
| 1971 | Y L Nene | Fungicidas no controlo das doenças das plantas |
| 1972 | G Rangaswami | Doenças das plantas cultivadas na Índia |
| 1973 | Ainsworth, Sparrow e | Os Fungos Vol. IV A e IV B |

|  |  |  |
|---|---|---|
|  | Sussman |  |
| 1974 | K F Baker e R J Cook | Controlo biológico dos agentes patogénicos das plantas |
| 1976 | G C Ainsworth | Introdução à história da micologia |
| 1976 | Burnett | Fundamentos de micologia |
| 1978 | A P Waterson e Lise Wilkinson | Uma introdução à história da virologia |
| 1978 | Brodie H J | Fungos - um deleite para a curiosidade |
| 1980 | Webster | Introdução aos fungos |
| 1981 | G C Ainsworth | Introdução à história da fitopatologia |
| 1982 | Fritar | Princípio da gestão das doenças das plantas |
| 1982 | Findly W P K | *Fungos: Folclore, ficção e factos* |
| 1989 | Paul Holliday | Dicionário de Fitopatologia |
| 1994 | Griffin D | *Fisiologia dos fungos* |
| 1996 | B C Sutton | Um século de micologia |
| 2002 | Chaube H e Ramji Singh | Introdução à fitopatologia |

## Livros de referência

Alexopoulos, C. J., Mims, C. W. e Blackwe ll, M. 2002. Introductory Mycology, John Wiley & Sons.

Bhattacharyya, U. K. 2006. Plant Pathology at a Glance, Kalyani Publishers, Ludhiana, Índia.

Dube, H. C. 2013. An Introduction to Fungi (Introdução aos fungos). Scientific Publishers, Jodhpur, Índia.

Mann, S. K., Kashyap, P. L. e Kang, S. S. 2010. Plant Pathology A Competitive Vision, Kalyani Publishers, Índia.

Mehrotra, R. S. e Aneja, K. R. 2010. An Introduction to Mycology, New Age International Publishers, Nova Deli, Índia.

Singh, R. P. 2005. Plant Pathology, Kalyani Publishers, Índia.

More Books!
yes
I want morebooks!
Buy your books fast and straightforward online - at one of world's fastest growing online book stores! Environmentally sound due to Print-on-Demand technologies.
Buy your books online at
www.morebooks.shop
Compre os seus livros mais rápido e diretamente na internet, em uma das livrarias on-line com o maior crescimento no mundo! Produção que protege o meio ambiente através das tecnologias de impressão sob demanda.
Compre os seus livros on-line em
www.morebooks.shop
info@omniscriptum.com
www.omniscriptum.com
OMNIScriptum

MIX
Papier aus verantwortungsvollen Quellen
Paper from responsible sources
FSC® C105338

Printed by Books on Demand GmbH, Norderstedt / Germany